W0261579

Schriftenreihe des
Österreichischen Wasserwirtschaftsverbandes
Heft 23

Das Großspeicherwerk Glockner-Kaprun

Von

Prof. Dr. Hermann Grengg

Graz

Mit 10 Textabbildungen

Springer-Verlag Wien GmbH

1952

Sonderabdruck aus
„Österreichische Bauzeitschrift"
Heft 8 und 10, Jahrg. 7 (1952)

Alle Rechte, insbesondere das der Übersetzung
in fremde Sprachen, vorbehalten

Additional material to this book can be downloaded from http://extras.springer.com

ISBN 978-3-7091-4008-6   ISBN 978-3-7091-4007-9 (eBook)
DOI 10.1007/978-3-7091-4007-9

Vorwort

Am 22. September 1951 wurde mit einer von der Öffentlichkeit viel beachteten Feier die Limbergsperre und der dritte Maschinensatz des Kraftwerkes Kaprun dem Betrieb übergeben[1]. Der vierte Maschinensatz folgte am 18. März 1952 nach. Damit ist die Hauptstufe der Werksgruppe Glockner-Kaprun vollendet worden. Die Fertigstellung des zweiten Teilstückes, der Möllüberleitung, ist in den nächsten Monaten zu erwarten, am dritten und letzten Teilstück, der Oberstufe, wird zügig gearbeitet. Fast 100000 m³ Beton der Moosersperre sind im vergangenen Herbst bereits eingebracht worden.

Die nach dem 2. Verstaatlichungsgesetz[2] mit dem Bau der Werksgruppe betraute Tauernkraftwerke A. G. hat vor Jahresfrist die Sperrenfeier auf Limberg zum Anlaß genommen, über ihren Wirkungsbereich eine ausführliche Festschrift herauszubringen, in welcher die seit der Wiederaufnahme des Baues im Jahre 1947 an Projektierung und Ausführung beteiligten Fachleute über ihr jeweiliges Spezialgebiet zu Wort kamen. Die mehr als zwei Jahrzehnte zurückreichende Vorgeschichte des Tauernwerkes ist in dieser Festschrift[3] naturgemäß nur in großen Zügen gestreift. Auch sie gehört aber dazu, um das Bild über die wechselvolle Geschichte jenes Bauvorhabens abzurunden, das als erstes Großspeicherwerk des Verbundnetzes in der österreichischen Wasserwirtschaft stets eine besondere Stellung einnehmen wird.

---

[1] **Kroupa J.**: Zur Fertigstellung der Hauptstufe Kaprun, ÖZE 4/1951, Heft 10, S 333.

[2] **Vas O.**: Wege und Ziele der österreichischen Elektrizitätswirtschaft, Springer-Verlag, Wien 1952.

[3] **Tauernkraftwerke A. G.**: Festschrift, herausgegeben anläßlich der Fertigstellung der zum Krafthaus Kaprun-Hauptstufe gehörenden Anlagen, September 1951.

Es sei daran erinnert — die Festschrift geht auch
an diesem Faktum keineswegs vorbei —, daß schon
1945 ein beträchtlicher Teil der Hauptstufe baulich
vollendet war und das Kraftwerk mit vorerst zwei
Maschinen, freilich noch ohne den Großspeicher, in
Betrieb stand. Daß der Bauerfolg der Jahre 1939—1944
nur ein solcher Teilerfolg war, ist nicht die Schuld
der Alpenelektrowerke A. G. als damaliger Bauherr-
schaft, sondern einzig und allein den unter dem
Diktat der Kriegslage sprunghaft wechselnden Ent-
scheidungen der nationalsozialistischen Staatsführung
zuzuschreiben. Wir bringen hier eine eingehende Darstellung der Ereignisse vor 1945 aus der Feder des
hiezu in erster Linie berufenen Fachmannes, des für
die Bauplanung und Baudurchführung zuständig ge-
wesenen Vorstandsmitgliedes der Alpenelektrowerke
A. G., **Dr.-Ing.** Hermann Grengg, als wertvolle und
grundlegende Ergänzung der oben zitierten Festschrift.

·Wenn heute das in der vergangenen Ära gefaßte
Konzept ohne wesentliche Änderungen zu Ende ge-
führt werden kann, weil es voll und ganz den Bedürf-
nissen der österreichischen Energiewirtschaft ent-
spricht[4], so ist dies nicht zuletzt das Verdienst Hermann
Grenggs, der mit seinen Mitarbeitern in der Entscheidung über das Ausbausystem österreichisches
Denken und österreichische Notwendigkeiten gegen
alle überdimensionalen Einflüsse von außen zu ver-
teidigen und durchzusetzen wußte. Das vorliegende
Heft der Schriftenreihe mag mithelfen, diese Tatsache
gebührend festzuhalten.

Wien, im November 1952.

Dr. O. Vas.

---

[1] Vas, O.: Probleme der Kraftwasserwirtschaft in
Mitteleuropa. Schriftenreihe des Österreichischen Wasserwirtschaftsverbandes, Heft 22, Springer-Verlag, Wien
1952.

IV

Inhaltsverzeichnis

Inhaltsverzeichnis

A. Die Vorgeschichte.

Es ist ungewöhnlich, daß über die Gestaltung einer
so ansehnlichen Kraftwerksgruppe erst 14 Jahre nach
der Entscheidung berichtet wird; es war ferner ungewöhnlich, daß die Bauausführung anfänglich selbst
der generellen Projektierung vorauseilte; und schließlich ist der Bau unter Verzicht auf jegliche Kontinuität
durch eine folgenschwere Zäsur unterbrochen worden.
Sucht man als Beteiligter hinterher die bewegte Geschichte eines solchen Ingenieurbauwerkes klarzulegen,
so ist der Erfolg an zwei wesentliche Voraussetzungen
gebunden: an die Anerkennung älteren geistigen Eigen-
tums und vorangegangener Leistungen, und an das
Eingeständnis eigener Irrtümer.

Beispiele hierzu führen mitten ins Thema: Die
Grundidee zur heutigen Werksgruppe, die seinerzeit
„Glocknerwerk" hieß (s. Abb. 1) und erstmalig im
Zuge des Streites um die Tauernwasserkräfte 1929/31
von der ÖKA (Linz) gegen die Bemühungen der AEG
um das Gesamtgebiet veröffentlicht wurde, entstand
bei der vorausgegangenen Projektierung der Würt-
tembergischen Elektrizitäts A. G. etwa 1928;
eine bestimmte Person hat sich nicht ermitteln lassen.
So war es denn ein langer Weg von der ersten Idee
bis zu ihrer Reife und ihrer Verwirklichung. Wer
diese Kontinuität bejaht, erkennt darin ein Charakte-
ristikum des an Verzichten reichen Ingenieurschaffens.

Das zweite Beispiel betrifft die Idee der Wasserüberleitung von Süd nach Nord durch den Tauern-

hauptkamm. Ich lehnte sie im Jahre 1930 aus
Gründen, die auch heute bei ähnlichen Gelegenheiten
geltend gemacht werden, lebhaft ab. Acht Jahre
später mußte ich bei verantwortlichem Studium ein-
sehen, daß ohne Wasserüberleitung von Süden her
der eigentliche Wert der Kapruner Wasserkraft un-
erschlossen bliebe. Die Gegnerschaft gegen das sogenannte Münch-AEG-Projekt hatte mich dazu ver-
leitet, auch das brauchbare Neue zu negieren.

Im übrigen halte ich es für ein Glück, daß das
Super-Tauernwerk sich nicht durchsetzen konnte.
Gleichwohl hat die damalige Propaganda, so wenig
sie dem Ingenieur zusagen mochte, viele Jahre später
doch positiv gewirkt. Der Meinungsstreit der Jahre
1929—1931 um das Super-Tauernwerk war zu einseitig,
denn er überbetonte das Hangkanalproblem und über-
sah dabei den Kernpunkt. Gewiß, die Dachrinnen-
idee, in der Seehöhe 2100 m und über viele hundert
Kilometer hinweg zum Schlüssel für eine Konzessions-
werbung größten Stiles gemacht, mußte Interesse,
doch zugleich auch schwere Bedenken erregen; wollte
man aber nicht schlechthin verhindern, sondern eine
Lösung suchen, dann mußte die erste und Hauptfrage
„Zentralisation oder Dezentralisation" heißen,
wobei das erstgenannte System sich ja auch unter
Vermeidung der Hangkanäle mit erprobten Mitteln
der Wasserbaukunst hätte projektieren lassen. Die
Beantwortung der genannten Hauptfrage hätte weiterhin zum Kernpunkt, nämlich zu den technisch-wirtschaftlich möglichen Speichergrößen und deren Bezug
zu den möglichen Zuflüssen vorstoßen müssen. Indessen fehlte damals für die Aufklärung der Speichergrößen die nötige Aufmerksamkeit. Das Super-
Projekt begnügte sich mit der unverbürgten Annahme
dreier Riesenspeicher, deren Summeninhalt trotzdem
das Verhältnis zur Jahrestriebwasserfracht nicht über
0·24 hätte steigern können, welches Mißverhältnis
denn am Schluß der „ersten Tauernaktion" die

Additional information of this book

(Das Großspeicherwerk Glockner-Kaprun; 978-3-7091-4008-6; 978-3-7091-4008-6_OSFO1) is provided:

http://Extras.Springer.com

Frage offen ließ: ,,Warum so viel Wasser mit allerlei
Gewaltmitteln in das Kapruner Tal beileiten, wenn es
dort gar nicht gespeichert werden kann?'' Die damalige Weltwirtschaftskrise vertagte die Antwort auf
jene Frage um sieben Jahre.

Die zweite Tauernaktion begann 1938 mit dem
Auftrag der Staatsführung, das ,,Tauernwerk'' un-
verzüglich auf Grund eines angeblich baureifen Projekts zu erstellen. Hier berührt sich die zweite Aktion
insofern mit der ersten, als diese ja mit der Behauptung
eines baureifen Projekts abgeschlossen hatte. Tatsächlich waren umfangreiche, aber lückenhafte hydro-
graphische Beobachtungen, eine photogrammetrische
Aufnahme des Kapruner Tales 1 : 5000, ein Vollbahn-
projekt Salzachtal—Mooserboden und zahlreiche gene-
relle Gutachten vorhanden, dagegen hatte die erste
Aktion weder ein Bohrloch, noch einen Schurfstollen,
noch irgendwelche geologische Detailaufnahmen hinter-
lassen, und das Planmaterial reichte über die seinerzeit veröffentlichten Ideenskizzen nicht hinaus. Im
Gelände war der Probehangkanal schon verfallen;
ein kleines Lager auf dem Mooserboden samt Kraft-
anlage erwies sich für die hochdringliche Durch-
führung der dortigen Geländeaufschlüsse als wertvollr

Die ,,zweite Aktion'', wie sie im Gegensatz zu.
Aktion AEG-Dr. Rehrl-Münch und zur ,,dritten
Aktion'' nach 1945 genannt sei, lag in den Händen
der Alpenelektrowerke A. G. Wien, eines Reichs-
unternehmens, das im Mai 1938 als Dachgesellschaft
für die österreichische Elektrizitätswirtschaft und für
den Ausbau nicht nur der Tauernwasserkraft, sondern
auch der großen Laufwerke gegründet worden war.
Diese zweite Aktion sah sich vor die groteske Notwendigkeit gestellt, während einer zunächst ziellos
anlaufenden Bauvorbereitung die Frage ,,Zentrali-
sation oder Dezentralisation'' noch einmal zu stellen.
Die AEG Berlin des Jahres 1938 in ihrer Bemühung,
die Tradition auch ohne Staatsauftrag zu wahren, ver-

zichtete zwar auf die Dachrinnenformel und die
6-Mia-kWh-Propaganda, brachte aber in der obigen
Frage neue Ideen der Wasserkraftzusammenfassung bei,
indem sie jene Speicherräume in ferneren Tauerntälern,
die der alte Riesenplan nicht zu erfassen vermochte,
die aber der Dezentralisation die natürlichen Gruppen·
sammelpunkte geben, in einen tieferen Zentralisations-
horizont Wasserfallboden einbezog. Die Abb. 2 gibt
dieses eigentliche Endergebnis der Super-Tauern-
projektierung wieder.

Es hätte der rechnungsmäßigen Unterlegenheit
dieses Planes gegenüber dem Gruppenausbau nicht
bedurft, um dem letzteren zum Sieg zu verhelfen.
Denn bei nüchterner Betrachtung der damaligen Lage
bestand weder die Möglichkeit noch die Notwendigkeit eines Super-Tauernwerkes, und daran hat sich bis
zum heutigen Tage nichts geändert. Die lebhafteste
Bautätigkeit jener Zeit war auf alle Gebiete verteilt
und viel zu zersplittert, dem Energieausbau auch nur
einen angemessenen, geschweige denn einen so über-
steigerten Platz zuzuweisen. Es schien mir schon als
Idee verfehlt, das ganze Tauerngebiet mit kost-
spieligsten Speicherwerken für eine noch gar nicht
erdachte zentralistische deutsche Verbundwirtschaft
ausbauen zu wollen, um die natürliche Entwicklung
durch ein „Ein-für-allemal“ im Kapruner Tal vorweg-
zunehmen. Ich war vielmehr von der Richtigkeit
regionaler Verbundwirtschaften überzeugt — das
eben damals heranwachsende deutsche 200-kV-Netz
schien zu deren Kupplung gerade geeignet —, und
wenn eine der durch mehrfache Teilung des Tauern-
Gebietes resultierenden Kraftwerksgruppen als Großspeicherwerk gerade zum Bedarf der eigenen Region —
Kernösterreich — paßte und wenn schließlich der Bau-
aufwand einer solchen Gruppe das volkswirtschaftlich
zumutbare Maximum erreichte, dann war jene Hauptfrage, kaum aufgeworfen, so auch schon entschieden.
Im Rahmen des Dezentralisationsplanes galten neben

4

der erwähnten Gruppe alle anderen als zurückgestellt
und einer ferneren Zukunft vorbehalten. Diese Entscheidung des Jahres 1938, wenn sie auch bei un-
klaren Zuständigkeiten nicht unbestritten blieb, war
endgültig; sie ließ die Super-Projekte in Utopia zurück
und bestimmt bis heute und auf weiteres den Ausbau
der Tauernwasserkräfte.

Ein Zweifel, welche der möglichen Tauernkraft-
werksgruppen zuerst auszubauen sei, konnte nicht
aufkommen, denn die günstige Verkehrslage des
Kapruner Tales, seine Gefällsentwicklung und seine
zwei naturgegebenen Speicherräume bezeichnen die
beste Wasserkraft der Nordseite. Was ihr an natür-
lichem Einzugsgebiet fehlt, muß die Südseite bei-
steuern. Einzig die totale Lawinengefährdung des
Tales ist als Nachteil zu werten. Der 1938 geprägte
Ausdruck „Glockner-Kaprun" benennt sohin die
Werksgruppe richtiger als der ältere Ausdruck
„Glocknerwerk", denn erst die projektierte Werksgruppe „Glockner-Huben", die beste des Südens,
würde den Begriff „Glocknerwerk" vollenden.

B. Grenzen und Speichergröße der
ausgewählten Gruppe (s. Abb. 2, 3 u. 4).

Ihre konkrete Gestalt nahm die Gruppe „Glockner-
Kaprun" im Herbst 1938 an, als die entscheidenden
Aufschlußergebnisse bei den Sperrenstellen und son-
stigen Schlüsselpunkten vorlagen. Wie immer man
über die beiden Großspeicherräume urteilen mochte,
wie unvorhersehbar auch die zu erwartenden Wasser-
spenden vom Gletscheraufbrauch abhängig blieben,
eine wesentliche Erkenntnis war sehr bald offenbar:
Die Speicherräume übertrafen den natürlichen Zufluß
bei weitem. Daraus folgt, wie schon erwähnt, der
Zwang zur Wasserüberleitung. Nun war das westliche
Nachbartal schon vergeben — gerade die Idee des
Gruppenausbaues bejahte doch die Existenz des
Stubachwerkes (wenn auch nicht die gewählten

Abmessungen) mit Überzeugung, und im Osten war
die tiefe Ferleitner Furche Begrenzung schlechthin;
blieb also bloß die Südseite erreichbar, dies jedoch
nur um den Preis eines 12 km langen Scheitelstollens,
der durch einen mittigen Querschlag das Fuscher
Eiskar einbezieht. Ein solches Kunstmittel ver-
ändert die Struktur des Entwurfes: er wird bildsamer,
variantenreicher und schwer abgrenzbar. Es galt nun,
drei Größenordnungen in sinnvolle Beziehung zu-
einander zu bringen:

1. die technisch-wirtschaftlich möglichen Speicherräume,

2. die Einzugsgebiete und

3. die Wasserspenden.

1. Die technisch-wirtschaftlich möglichen Speicherräume.

Hier nützte keine Spekulation, sondern nur gründ-
liche Aufschließung. Die Sperrenstellen sind innerhalb
engster Grenzen von der Großgeländeform vorge-
zeichnet. Bohrlöcher höchster Eile ergaben im Kalkglimmerschiefer der Abschlußstelle am Limberg, die
ziemlich offen vor dem Auge des Geologen dalag, in
der Tiefe des V-Profils eine gesunde, sehr massive,
vom Gletscher abgehobelte Felsschwelle; in der steilen
Ostflanke stand blanker Fels an; in der flacheren
Westflanke entblößten wir eine Schwächezone, die zur
Vorsicht mahnte. Selbstverständlich ist das bestmögliche Stauziel letzten Endes eine Sache verant-
wortlichen Ermessens, das aber, wenn die Transport-
wege und die Baueinrichtung schon im Werden sind,
nicht beliebig vertagt werden darf. So lautete bei
Limberg unser Entschluß gerade noch zeitgerecht
auf das Stauziel 1670 m, d. h. auf 120 m Mauerhöhe
und 80 hm³ Speicherinhalt. Aus dem geringen Höhen-
spiel unseres Konzepts hat dann die Bauausführung
zusätzlich zwei Meter herausgeholt, somit den Inhalt
auf 83·6 hm³ gesteigert.

6

Additional information of this book

(Das Großspeicherwerk Glockner-Kaprun; 978-3-7091-4008-6;

978-3-7091-4008-6_OSFO2) is provided:

http://Extras.Springer.com

Die Gesteinsverhältnisse auf dem Mooserboden erwiesen sich als weniger gut, besonders der schmächtige linke Flügel der Abschlußbarre schien uns Grenzen zu setzen, die weit unter dem Ansatz des Super-Projektes lagen. Immerhin ließ sich das westliche der beiden Abschlußprofile als Schauplatz des Angriffes rückschreitender Erosion auf das Ende des glazialen Zungenbeckens erkennen, während die mächtige Überschüttung des Ostprofils ein Rätsel aufgab. Dieses ist durch einen talseits angeschlagenen Schurfstollen, der die Felsschwelle von innen her abtastete, gerade noch zur rechten Zeit gelöst worden. Die letzte Stunde war das insofern, als der Abschluß des Mooserbodens ja auch technisch unmöglich hätte sein können, und ins Große hinein zu bauen, ohne die Hauptsache zu kennen, wäre doch nicht verantwortbar gewesen. So durften wir Ende 1938 das Stauziel Mooserboden mit einiger Vorsicht auf 2025 m festsetzen, was etwa 900 000 t Nennbelastung auf beide Sperren und 65 hm³ Speicherraum bedeutete. Nun waren aber diese beiden Hauptwerte 80 hm³ und 65 hm³ keineswegs als gleichwertig aufzufassen, denn die Dynamik des Tauernbaues mit ihrem nacheilenden Entwurf, die alles je auf diesem Gebiete Erlebte übertraf, gestattete gar nicht, die Maße des ganzen Zweistufenentwurfes samt Beileitungen festzulegen; man mußte sich damit begnügen, das Dringendste zu entscheiden, während weniger aktuelle Teile, wie z. B. die ganze Oberstufe, als vorläufig ausgelegt zu gelten hatten. Die Speicherraumsumme 80 + 65 = 145 hm³ ist somit als ungefähres Erfassen der Größenordnung zu werten, um den Ausbaugrad der bereits im Bau befindlichen Hauptstufe und besonders ihres Stollens richtig bemessen zu können. Vor kurzem ist das Stauziel endgültig auf 2035 m gehoben und den Ausführungsentwürfen für die oberen Sperren zugrunde gelegt worden. Diese Steigerung des Speicherinhaltes von 65 auf 86 hm³ ist die stärkste Änderung, die der im folgenden Abschnitt

beschriebene Entwurf vom Jahre 1938/39 im Laufe
der Zeit erfahren hat.

2. Die Einzugsgebiete.

Auf der Tauern-Südseite oder genauer gesagt: auf
der Glockner-Südostseite fällt im unmittelbaren Bereich des Südportals des Scheitelstollens das Einzugsgebiet der Pasterzenmöll an, das mit 44 km² allein
schon größer ist als das Kapruner Tal im Profil Limberg. Ferner ist der Leiterbach mit 20 km² bequem
beileitbar. Dagegen ist ein weiteres Ausgreifen nach
Osten im Zuge des Hauptkammes, so wie das in seiner
Endgestalt das alte Glocknerwerkprojekt vorsah,
wenig ergiebig, schlechter jedenfalls als das Gößnitztal.

3. Die Wasserspenden.

Vor 1929 sind Abflüsse in der Höhenzone der
Tauern nicht beobachtet worden, ausgenommen die
Betriebsaufzeichnungen des Stubachwerkes. Die Beobachtungen der ersten Aktion gaben, obwohl meist
nur über wenige Jahre und auch da nur lückenhaft,
immerhin einigen Anhalt; die geringere Abflußhöhe
der Südseite war ebenso erwiesen wie der überragende
Einfluß des Gletscheraufbrauches. Wichtig war ferner
die über viele Jahrzehnte lückenlos geschlossene Be-
obachtungsreihe der Station Sonnblick. Das sonst
übliche Suchen nach dem Regeljahr ist in ver-
gletscherten Gebieten sinnlos, denn die Ostalpen-
gletscher liefern nun schon über ein Jahrhundert zu-
sätzliches Schmelzwasser, und zwar bis vor kurzem
in steigendem Ausmaß; ein kurzfristiger Abfluß-
koeffizient hat da nichts zu bedeuten. Das erneuerte
Beobachtungssystem der zweiten Aktion kam überhaupt zu spät.

Auf so schwankender Grundlage läßt sich die Spei-
cherfüllung nur zwischen zwei Extremen einschätzen,
nämlich zwischen einem Zuflußminimum ohne Glet-

Additional information of this book

(Das Großspeicherwerk Glockner-Kaprun; 978-3-7091-4008-6;

978-3-7091-4008-6_OSFO3) is provided:

http://Extras.Springer.com

scheraufbrauch, das, weil nicht beobachtet, nur spekulativ ermittelt werden kann, und einem Zuflußmaximum der jüngsten Vergangenheit. Suchte man nun die obigen drei Größen unter dem Leitgedanken in sinnvolle Beziehung zu bringen, daß das reine Winterspeicherwerk für den regionalen (österreichischen) Bedarf das beste sei, so ergab sich ohne Zwang der folgende geradezu ideale Zusammenhang: dem natürlichen Einzugsgebiet der Nordseite (samt den etwa an der Triebwassertrasse anfallenden Beileitungen) werden die Pasterzenmöll und der Leiterbach zugeführt; der minimale Abfluß aus diesem Gesamtgebiet füllt die oben angeschätzten Speicherräume etwa bis Oktober, so daß also in diesem Fall der Grenzzustand des reinen Winterspeicherwerkes erreicht wäre. Für stärkeren Zufluß bis zum Maximum ist der Ausbau so einzurichten, daß dieses Mehr bestens im Sommerhalbjahr abgearbeitet werden kann. Das Gößnitztal bleibt stille Reserve für den Fall, daß sich im Zuge der Bauausführung die Einsicht etwas verschiebt. Eine letzte Anpassung erlaubt der einstweilen vorbehaltene Ausbaugrad der Oberstufe. Damit war die Werksgruppe „Glockner-Kaprun" umrissen, und wenn es noch einer Bestätigung der Richtigkeit der Dezentralisationsidee bedurft hätte, so war sie durch die Zwanglosigkeit dieser Abgrenzung erbracht.

C. Stufenteilung und Triebwasserführung
(s. Abb. 3, 4 u. 5).

Ganz naturgemäß verwirklicht sich eine vom Gletscherbereich bis in die Haupttalsohle reichende Zweistufenanlage von unten nach oben; erdacht aber muß sie umgekehrt werden, und so entwickelt sich unsere Darstellung von oben nach unten. Eine obere Stufe zwischen den beiden Stauräumen ergibt sich ganz von selbst. Deren Wasserfassungshorizont liegt aber leider so hoch, daß eine natürliche Vorflut für die Wasserüberleitung aus dem Süden außerordentliche und ganz untragbare Bauwerke in der Möllschlucht erfordert hätte. Die höchst unständige Ganglinie der Möll mit ihrem hohen Tagesschwall im Hochsommer braucht außerdem, wenn der Überleitungsstollen wirtschaftlich ausfallen soll, einen Wasserfassungsspeicher. Schon aus diesem Grunde also war es mit einer Wasserfassung im Untergrund der Gletscherzunge nichts. Wenn ferner der einzige brauchbare Speicherraum bergseits der Margaritze und seine Abschlußmöglichkeiten gegen die Mooserbodenhorizonte zu tief lagen, war die Frage zu entscheiden, wo die künstliche Triebwasserhebung geschehen sollte, an der Möll oder am Auslauf zum Mooserboden. Der Vergleich fiel zugunsten eines Pumpwerkes am Nordportal aus, weil diese Betriebsstelle nicht wie die Gegend beim Glocknerhaus gänzlich isoliert und betriebsfern, sondern im Bereich des elektrischen Systems der Nordseite liegt und vom Krafthaus Limberg aus über ein Mittelspannungskabel versorgt werden kann. Die Notwendigkeit zu pumpen ist gewiß unerfreulich und stört das sonst großlinige Konzept, aber sie ist eben unvermeidbar gegeben.

Für den Abschluß des Margaritzenspeichers war die Tatsache zu beachten, daß jene rundbucklige Felskuppe noch vor etwas mehr als einem Jahrhundert vom Gletschereis überflossen war. Sollte man diesen Bereich meiden und unter der Schluchtgabel talwärts der Margaritze eine sehr große Talsperre errichten? Die Sorge um die fernere Zukunft spielt hier zusammen mit der Bemühung um den nötigen Stauraum, um gute Sperrenstellen und bestmögliche Höhenlage. Man pflegt sonst bei Ingenieurbauten dieses Ranges die Frage der Lebensdauer nicht ernsthaft zu stellen, sondern glaubt, für immer zu bauen. Hundert Jahre hat der Gletscher gebraucht, um sich von der Margaritze bis zum Elisabethfelsen zurückzuziehen, also

Additional information of this book

(Das Großspeicherwerk Glockner-Kaprun; 978-3-7091-4008-6; 978-3-7091-4008-6_OSFO4) is provided:

http://Extras.Springer.com

würde er für den umgekehrten Weg auch viele Jahrzehnte brauchen, wenn einmal, wie zu erwarten, die
Gletscher wieder vorrücken. Leitet man nun den
eiswasserfreien, im Sommer warmen Leiterbach bei,
dann wäre ein weiterer Vorstoß des Eises in den
Stausee hinein gehemmt. Im Vertrauen auf diese
Wirkung, die durch den Gößnitzbach verdoppelt
werden könnte, und im Vertrauen auf die Geschicklichkeit unserer Nachfahren, denen die Meisterung
unvorhergesehener Änderungen ebenso gelingen wird,
wie wir die Mängel alter Wasserkraftanlagen beheben,
projektierten wir den sparsamen Abschluß beiderseits
der Margaritze in Gestalt zweier Talsperren mäßiger
Größe; hier wiederholt sich also der Fall Mooserboden
insofern, als zwei Tiefenrinnen abgeschlossen werden
müssen: die tiefe Möllschlucht durch ein schlankes
Gewölbe, die flache Südrinne durch eine Gewichtsmauer in flachem Bogen. Wir schätzten damals das
nützliche Stauziel auf 1990 m, die heutige Festzahl
ist, der Vergrößerung des Mooserbodenspeichers entsprechend, um 10 m höher. Die skizzierten Anlagen
werden sich in der repräsentativsten Hochgebirgslandschaft Österreichs sehr bescheiden geben. Technisiert ist diese Gebirgsgegend durch die Straße und ihre
Fahrzeuge viel stärker, als irgendeine Wasserkraftnutzung störend wirken könnte.

Ein echter Konflikt schien mir dagegen im Käfertal, dem Ausgangsgelände des Scheitelstollenquerschlages, gegeben zu sein. Der schöne, allen kultivierten Befahrern der Glocknerstraße wohlbekannte
Wasserfall, den die Gletscherwässer des Fuscher
Eiskares speisen, bedeutet 7% der Wasserwirtschaft
des Gesamtwerkes; es wird kaum darauf verzichtet
werden dürfen, den Erguß des Hochkares in einer
Hangkanalfassung abzufangen und durch den Fensterstollen einzuleiten. Die Spuren der Bauarbeit werden
dort bald wieder verschwunden sein.

Die geologische Prognose für die Überleitung

lautete ohne Einschränkung günstig. Nordseits mündet der Stollen dergestalt außerhalb des Mooserbodens, daß nicht nur in diesen hochgepumpt, sondern auch frei zur Kapruner Ache ausgewässert werden kann. Auf demselben Platz setzt auch der Triebwasserstollen der Oberstufe an, dessen Trasse einer besonderen Begründung bedarf. So klar nämlich der Höhenunterschied der beiden Speicher die Oberstufe als solche bezeichnet, so variantenreich zeigte sich die Aufgabe der Triebwasserverbindung beider Speicher. Es wären nach älteren Vorbildern kurze Kraftabstiege zum bergseitigen Rand des Wasserfallbodens möglich und an sich sehr wohlfeil gewesen. Ein solches Krafthaus am Rückstauende verlöre aber die Möglichkeit, Triebwasser aus dem unteren in den oberen Speicher zu fördern und außerdem bedeutete dabei die Absenkung des Speichers Wasserfallboden absoluten Fallhöhenverlust. Führt man dagegen das Triebwasser talaus bis ober die Sperre Limberg und situiert man die Kraftmaschinen der Oberstufe so in unmittelbare Sperrennähe, daß die Francisturbinen (höchster Fallhöhe) in die untere Haltung unter wechselndem Gegendruck auswässern, dann kommt nicht nur die untere Speicherspiegelsenkung der oberen Fallhöhe positiv zugute (bis 82 m!), sondern dann können den Maschinenpaaren der Oberstufe auch Speicherpumpen angefügt werden.

Die Pumpspeicherung war zwar 1938/39 fern von Wien noch nicht aktuell, aber das Übereinander zweier so großer Stauseen mit einem mittleren Höhenunterschied von etwa 350 m, einem gegebenen Triebwasserweg und dem mit Sicherheit zu erwartenden Anschluß an das österreichische Höchstspannungsnetz bedeutete eine so einmalige Gelegenheit, daß wir die Überlagerung des normalen Großspeicherbetriebes durch eine Pumpspeicherung großen Stiles (Antriebsleistung etwa 100 MW) als wesentlichen Teil des Ge-

Additional information of this book

(Das Großspeicherwerk Glockner-Kaprun; 978-3-7091-4008-6;

978-3-7091-4008-6_OSFO5) is provided:

http://Extras.Springer.com

samtprojektes und als ein Guthaben für die größere Verbundwirtschaft der Zukunft werten.

Diese Anordnung hebt den Platz am Limberg (s. Abb. 6 und 8) weit über die Bedeutung eines Sperrenstandortes hinaus. Die Talnähe der Kraftmaschinen der Oberstufe erleichtert den Bau eines lawinensicheren Zuganges und das Abkommen der Energiefortleitung. Der technische Zusammenhang der dortigen Gesamtanlage, bei flüchtiger Betrachtung äußerlich einem Talsperrenkraftwerk ähnlich, bindet in Wahrheit die Talsperre, die Wasserfassung der Hauptstufe, sowie die Verschlüsse des dort ansetzenden Triebwasserstollens mit dem Krafthaus der Oberstufe, seiner Ein- und Auswässerung und dem hier mündenden Druckschacht samt Verschlußkammer zu einem in Österreich einzigartigen Ingenieurbauwerk zusammen. Und gerade bei dieser Schlüsselanlage des Tauernwerkes war die Zeit für die Entwurfsausarbeitung kurz und sehr bewegt. Solange als Sperre der Pfeilerkopftyp vorbereitet wurde, sollten die Kraftmaschinengruppen in den Hohlräumen dieses Typs Platz finden, der nicht zuletzt dieser Möglichkeit halber gewählt worden war. Als man 1944 zu einer Gewölbemauer überging, war es klar, daß ein eigener hochgebirgsfester Krafthausblock etwa im Bereich der Krümmungsmittelpunkte des Gewölbes, aber baukünstlerisch sauber von diesem getrennt, die beste Lösung sei[1].

Der Achensturz vom Limberg über das Stegenfeld in die Wüstelau bezeichnet den Hauptteil der Gesamtfallhöhe des Tauernwerkes. Zwischen der Talweitung Wüstelau (auf alten Karten Wieselau) und dem untersten Talstück nächst dem Dorf Kaprun, das nahezu gleichsohlig in die Salzachflur ausläuft, fällt die Ache noch über eine kleine, etwa 70 m hohe Steilstufe, deutlich gemacht durch die älteren Reisenden

---

[1] S. Österr. Bauzeitschrift, Jg. 1948, H. 8/9.

interessante Sigmund-Thun-Klamm. Nun waren im Sommer 1938 — während der Bauvorbereitungen also — die Fragen offen, welche Talseite für den Kraftabstieg geeignet sei und ob die Fallhöhe von rund 900 m zu unterteilen sei oder nicht. Die Trasse des alten „Glocknerprojekts“ unterfuhr weit im Osten, also rechts, den Schreckkogel und erreichte die Salzachflur östlich von Meier-Einöden über einen sehr flachen und geologisch ungünstigen Hang in einer Stufe (s. Abb. 1); diese Osttrasse schied also aus. Das Super-Projekt letzter Form unterteilte die Fallhöhe und legte das Hauptkraftwerk mit guten Gründen in die Wüstelau, weil weiter talaus für den direkten Kraftabstieg aus dem oberen (Mooserboden-) Horizont kein Bergkörper mehr dagewesen wäre und weil außerdem ein Gegenspeicher Wüstelau für den Ausgleich des Super-Tagesschwalles nötig schien. Das anschließende Zusatzwerk hätte mit einer Triebwasserführung an Kaprun vorbei bis in die Salzachflur ungefähr 100 m Fallhöhe erzielen sollen (s. Abb. 2). Indessen verbot sich die Anwendung der Idee Wüstelau mit getrennten Kraftabstiegen aus beiden Horizonten auf den beschränkten Bereich „Glockner-Kaprun“, weil dem Speicher Wasserfallboden der Zufluß gemangelt hätte. Die Zweistufenlösung mußte also an das bereits geschilderte Limbergsystem anbinden, und für sie sowohl, als auch für die später begründete und zur Ausführung gebrachte Einstufenlösung war die linke (westliche) Talseite nicht bloß geologisch besser, die linke Trasse erschließt auch die Einzugsgebiete zweier Bäche (Zeferetbach und Grubbach), die ebensoviel bringen wie der Käfertal-Wasserfall. Die Beschränkung auf den Bereich unserer Werksgruppe hatte ferner die Folge, daß zwei Hauptgründe für die Lösung Wüstelau entfielen: der Tagesschwall aus unserer Werksgruppe (etwa 30 m³/sek) war dem Salzachbette sehr wohl zuzumuten, ein Gegenspeicher also überflüssig, und der Horizont Limberg (1670 m)

Additional information of this book

(Das Großspeicherwerk Glockner-Kaprun; 978-3-7091-4008-6; 978-3-7091-4008-6_OSFO6) is provided:

http://Extras.Springer.com

bleibt bis hinaus zum Maiskogel, der äußersten tal-
seitigen Stirne des Gebirgskörpers, felsgedeckt. Ein
Wasserschloß Maiskogel gab uns die Chance, die
Salzachflur in einer Stufe zu erreichen, und zwar
boten sich zwei Steilrohrbahnen an: entweder eine
Trasse in nördlicher Richtung direkt ins Haupttal
über einen flachen Hang, der eine fatale Ähnlichkeit
mit dem Schreckkogelabstieg erwies, bis zu einem
Krafthausplatz unmittelbar an der Salzach — oder
steil über einen selten gut geeigneten Felshang hinab
an das untere Ende der Sigmund-Thun-Klamm, das
etwa 20 m höher liegt als die Salzachflur (s. Abb. 7).
Im Vergleich siegte die letztgenannte Variante trotz
des geodätischen Fallhöhenverlustes, der durch die
geringeren Reibungsverluste der kürzeren Steilrohrbahn kompensiert wird und trotz der Mängel des
Krafthausplatzes, der am Klammausgang einer steil-
geböschten Moräne abgewonnen werden mußte. Der
damals so benannte „Kapruner Winkel", d. h. der
breite Talschluß am Fuße des Bürgkogels, wurde so
zum Schlüsselpunkt der einstufigen Lösung, die bei
rund 900 m Gesamtfallhöhe mit Recht „Hauptstufe"
heißt.

Die Vorteile der Einstufigkeit schienen uns erheblich zu sein. Der Kapruner Winkel ist für eine voll-
spurige Schleppbahn, die in der Station Bruck der
Hauptbahn abzweigt, bequem zugänglich; er bietet
freie Entwicklung für den ansehnlichen Raumbedarf
einer 200-kV-Schaltanlage, und die Distanz zwischen
dem Fußende der Steilrohre und dem 200-kV-Trans-
formator ist minimal. Wenn es ferner vergeblich war,
in der Höhenzone einen sicheren Zentralplatz zu
finden, so ergab sich ganz selbstverständlich der
Zentralplatz der Talregion hier im Kapruner Winkel;
er läßt den Bestand des Dorfes Kaprun unberührt
und fügte an die Kernpunkte Krafthaus und Schalt-
anlage die Werkswohnsiedlung, die Werkstätten und
Magazine, das Hauptwohnlager und die Transport-

einrichtungen für den Übergang von der Vollspur auf
Werkstraße und Bergseilbahn. Nebenbei ergab sich
auch die Gelegenheit, das Restwasser der Kapruner
Ache aus der Wüstelau über die Fallhöhe der Sigmund-
Thun-Klamm in einem Eigenbedarf-Tagesspeicher-
werk abzuarbeiten, dessen Maschinen als unabhängige
Energiequellen im Hauptkrafthaus stehen. Dieses
Hauptquartier des Baues und später auch des Be-
triebes war schwerer zu gestalten und in Ordnung zu
halten als eine Stadt. Vom Krafthaus ausgehend,
das bei ungewöhnlicher Raumenge nur das Wichtigste
in den unmittelbaren räumlichen Zusammenhang zu
den Kraftmaschinen fügte und Werkstätte, Magazin,
Verwaltung usw. in bequemeren Lagen beließ, wurde
der ganze Kapruner Winkel für weiträumige Ver-
bauung geplant. Gleichwohl fiel der Gesamtanlage
nur ein einziger Bauernhof zum Opfer.

D. Der Ausbaugrad, die Leistungsanlagen und Fernleitungen.

Bei dem vorliegenden Winterspeichertyp wäre es
falsch, etwa die Jahresausnützungsdauer als Grundlage für die Erörterung des Ausbaugrades zu nehmen.
Wie die Maschinen im Sommerhalbjahr beaufschlagt
werden, ist eine Frage zweiten Ranges; primär
handelt es sich nur um die Ausnützungsdauer des
Winterhalbjahres oder — wenn man das Problem
auf das Eigentlichste zuspitzen will — um die Stunden
im Hochwinter. Nun ist die verfügbare Triebwasser-
fracht im Winter ziemlich genau bekannt, denn der
sehr kleine natürliche Winterzufluß ändert sich von
Jahr zu Jahr nur wenig, und im übrigen ist der
Speicherinhalt bestimmend. Sohin war zu entscheiden, auf wieviel Winterwerktagsstunden $65 +$
$+ 80 + 25 = 170$ hm³ zu beziehen seien. Hier schie-
den sich die Geister. Die Elektrowerke Berlin mit
Großabnehmern hoher Belastungsdauer vertraten den

16

Additional information of this book

(Das Großspeicherwerk Glockner-Kaprun; 978-3-7091-4008-6;

978-3-7091-4008-6_OSFO7) is provided:

http://Extras.Springer.com

niedersten Ausbaugrad unter besonderem Hinweis auf die Unwirtschaftlichkeit des Spitzentransportes über größere Entfernungen. Uns schien aber das Beispiel des rheinischen Netzes mit wesentlich kleinerer Belastungsdauer für die Versorgung unserer Region maßgebender zu sein. Indessen duldete diese Erörterung keinerlei Vertagung, war doch die Bestellung wenigstens zweier Hauptstufenmaschinen ebenso dringlich wie irgendeine Baumaßnahme, wenn in absehbarer Zeit aus dem Kapruner Tal Energie herausgeholt werden sollte. Hätte man mit den damals üblichen 1000 Winterstunden disponieren wollen, so wäre allein die Ausbauleistung der Hauptstufe auf mehr als 300 MW angestiegen. Diese Zahl beweist den empfindlichen Zusammenhang zwischen dem Ausbaugrad der Werksgruppe und den Problemen des damals heranwachsenden Verbundnetzes. Der Rahmen, der durch die Höchstspannung 220 kV gegeben war, durfte nicht überschritten werden und ist auch heute, nach mehr als einem Jahrzehnt, noch wirksam. Zudem erforderte der materielle Zwang der alsbald hereinbrechenden Kriegswirtschaft die Mittelspannung für den behelfsmäßigen Anschluß an das bestehende 100-kV-Landesnetz, dessen nächster Stützpunkt, die Schaltstelle Arthurwerk nächst Bischofshofen, einzubinden war. Auch für die Verbindung der Oberstufenmaschinen mit dem Hauptwerk dachten wir anfänglich an 100 kV. Dieser Sachverhalt wurde auf zwei Wegen für die Werksgruppe bestimmend: er verbot leider ein direktes Aufspannen von der Maschine zur Höchstspannungsschiene, was die Krafthausanordnung im Kapruner Winkel wesentlich beeinflußt, und er drückte den Ausbaugrad mindestens der Hauptstufe ganz erheblich. So lautete denn ein erster Bauausschußbeschluß auf 2000 Winterstunden, d. h. auf eine Ausbaufließe $\dfrac{170\,000\,000}{2000\,.\,3600\,\text{sek}} = 24\,\text{m}^3/\text{sek}.$

An dieser Stelle muß nun das Nötigste über den

Kraftabstieg gesagt werden. Seine vollkommenste
Gestalt, der Druckschacht, verbot sich nach damaliger
Meinung wegen der Schmächtigkeit der Felsrippe, die
vom Maiskogel gegen die Bachschlucht abfällt, und
wohl auch wegen der geringen Gesteinsgüte, die zwar
für die Gründung von Festpunkten über Tag, nicht
aber für die Einbettung eines Druckschachtes (900 m
Fallhöhe) geeignet schien. So blieb es beim Steil-
rohrabstieg über Tag, der jedoch nicht in nächster
Nähe des Wasserschlosses, sondern erst in 600 m Ent-
fernung an einem Hangknick beginnen konnte. Dort
erst gabelt sich das einheitliche Rohr, wie es vom
Wasserschloßknotenpunkt ab als gepanzerter Schrägschacht auszugestalten war, in die einzelnen Steilrohre. Bei den meisten Hochdruckanlagen ist die
Zahl der Rohre geringer als die Zahl der Maschinen.
Im vorliegenden Fall aber war es möglich, die für
den Betrieb ideale Anordnung der gleichen Zahl durchzusetzen, d. h. jeder der gewählten vier Maschinen
eine Rohrleitung zuzuordnen. Das gab am Ende der
Rohrstränge immerhin 51 mm Wandstärke in hoch-
wertigem Stahl (ohne Bandagen) und Maschinengruppen bewährter Anordnung mit dem 500tourigen
Generator in der Mitte und beidseitig fliegend an-
geordneten eindüsigen Freistrahlrädern von zusammen
etwa 45 MW Antriebsleistung. Diese Maschinen sind
gleich nach Baubeginn bestellt worden und zwei
Stück als zum ersten Ausbau gehörig. Die Turbinen
lieferte Escher-Wyss (Ravensburg), und zwar mit
der Erweiterung und Auflage, daß auch die Ausstattung der ganzen Triebwasserleitung (zwei Drossel-
klappen ⌀ 2·8 m nach dem Einlauf, wovon die zweite
für Schnellschluß eingerichtet ist, Kugelschieber
⌀ 1·2 m + Drosselklappe ⌀ 1·4/1·3 zu viert in der
Schieberkammer, ebenfalls für Schnellschluß, Kugelschieber vor den Turbinen) zur Lieferung gehören,
zugleich aber auch die Sorge um die Dynamik des
ganzen hydraulischen Systems damit verbunden sein

sollte. Ein ähnlicher Gedanke galt für den elektrischen Teil, der zur Gänze von der AEG (Berlin und Wien) zu besorgen war.

Erst nach dieser Bestellung ist die Frage des Ausbaugrades endgültig entschieden worden. Uns waren jene 2000 Stunden immer zu hoch und jene 24 m³/sek zu niedrig gegriffen erschienen, und aus diesem Grunde hatte ich von vornherein den Druckstollen der Hauptstufe mit einer mindesten Lichtweite 3·20 m und 2·6⁰/₀₀ Neigung ausgestattet, welche Festsetzung eine ansehnliche Steigerung des Ausbaugrades vorweggenommen hatte. Als nun etwa im Herbst 1940 unsere regionale Auffassung sich durchgesetzt hatte und eine größere Leistungsanlage für den Bedarf der Region Kernösterreich zweckmäßig erschien, studierten wir während der Krafthausgründungsarbeiten, in welcher Weise die Maschinen 3 und 4 zweckmäßig umgeändert werden könnten. Es erwies sich als ausführbar, jeder Maschine bei gleichbleibender Drehzahl und Gesamtanordnung und zwei Düsen je Laufrad etwa $2 . 4·5 = 9·0$ m³/sek zuzumuten, wobei dann die Werksausbaufließe $6 + 6 + + 9 + 9 = 30$ m³/sek, die Ausnützungsdauer im Winterhalbjahr 1600 Stunden, der Ausbaugrad 5·5 und die Volleistung mindestens 200 MW betrug. Auch die untersten Strecken der Steilrohre 3 und 4 konnten gerade noch zeitgerecht bestellt werden. So schien uns denn 1940 alles für die Sicherstellung des richtigen Ausbaues Nötige geleistet zu sein und die endliche Verwirklichung in der jüngsten Vergangenheit stimmt damit tatsächlich überein.

Waren diese Festlegungen für die Hauptstufe angesichts der zwar gedehnt, aber doch stetig fortschreitenden Ausführung dringlich und endgültig, so genügte für die Oberstufe zunächst eine ungefähre Anschätzung ihrer Maße, d. h. eine Überprüfung, ob die Anordnung der Dreiergruppe Turbine—Motor = =Generator—Pumpe, die der besonderen Auslegung

der Oberstufe erst ihren Sinn geben sollte, überhaupt
möglich war, welche Größe und Zahl beim Bau der
Limbergsperre, und welche Transportgewichte und
Größen bei der Auslegung der Verkehrswege dorthin
zu beachten seien. Den Ausbaugrad der Oberstufe
wünschte man gleichwohl so spät als möglich festzulegen, damit für die Auslegung des Gesamtwerkes
ein gewisses Spiel erhalten bleibe. Es zeigte sich, daß
die Ausbaufließe der Oberstufe wegen des überlagerten
Pumpspeicherbetriebes ungefähr so groß als die der
Hauptstufe sein müsse, und bei Aufteilung auf zwei
Maschinengruppen ergaben sich zweckmäßige Abmessungen und Gewichte, eine sowohl für die Francis-
turbine als auch für die Hochdruckpumpe außer-
gewöhnlicher Größe mögliche Drehzahl, ein schwerstes
Transportstück von 60 t und eine Leistung von
2 . 50 = 100 MW, die den vier Maschinen der Hauptstufe zwei weitere, ungefähr gleichwertige hinzufügte.
Die Gesamtleistung der Werksgruppe lag nach dem
Konzept 1940 somit bei etwa 300 MW. Nur nebenbei
sei noch bemerkt, daß die als wünschenswert empfun-
dene Vertagung des letzten Entschlusses zur Ausbau-
größe eine nicht zu vergessende Einschränkung durch
die Notwendigkeit erfuhr, beim Aufbau der Limbergsperre die Aus- und Einwässerungsrohre der Oberstufenmaschinen bereits richtig dimensioniert zu verlegen.

Der Gesamtausbaugrad war damit im Projekt 1940
(unter Vernachlässigung der Sommerenergie) auf
$$\frac{300\,000\ \text{kW} \cdot 8760\ \text{h}}{400\ \text{GWh}} = 6{\cdot}5$$ gestiegen; das ist gewiß
ein hoher Wert, aber er hat die Kritik eines bewegten
Jahrzehnts überstanden. Heute, nach der Vergrößerung des Speichers Mooserboden und geringerer
Steigerung der Ausbaufließe der Oberstufe steht der
Ausbaugrad bei $\dfrac{312\,000 \cdot 8760}{450} = 6{\cdot}0$. Sohin ist die
im Konzept 1939 vorgesehen gewesene Steigerungs-
möglichkeit nicht ausgenützt worden. Offenbar liegt

20

keine wirtschaftliche Notwendigkeit vor. Das ist eine
sehr selten vorkommende, bemerkenswerte Bestätigung des seinerzeitigen Ansatzes.

300 MW ständiger Winterhöchstleistung sind das
Ergebnis langjähriger Bemühungen um die bestmögliche Auswertung des Werkes Glockner-Kaprun; für
den Abtransport dieser Leistung war zur Berichtszeit
die 220-kV-Strecke Kaprun—Braunau/Inn vorgesehen,
ohne daß es während der Kriegswirtschaft möglich
war, mehr als das Trassenstudium davon zu verwirklichen. In den jüngst vergangenen Jahren ist die Bedeutung des Fernleitungsknotenpunktes St. Peter
bei Braunau/Inn nicht voll erkannt und das Schalt-
und Umspannwerk Ernsthofen als Station auf dem
nächsten Weg nach Wien vorgezogen worden. Wir
zweifeln aber nicht daran, daß mit der vollen Reali-
sierung jener 300 MW, die noch einige Jahre auf sich
warten lassen wird, der Knotenpunkt Braunau/Inn in
der Nachbarschaft unserer besten Laufwasserkräfte
am Inn und an der Donau (Jochenstein) die richtige
Beachtung gefunden haben wird.

E. Die Fördereinrichtungen, die Baustromversorgung und die Barackenlager.

Das Bauen im Hochgebirge ist ein Transport-
problem. Das weiß der Bergbauer seit tausend Jahren,
und so war es auch uns von Anfang an bewußt, daß
der gleichzeitige Baubeginn der vom Tal aus unmittelbar zugänglichen Werksteile und der Verkehrswege ins Talinnere eine mit keinem Mittel aufholbare
Zeitdifferenz bedeutete, die von vornherein auf dem
Bau der Limbergsperre lastete. Diese Mißlichkeit
mußte sich bis zur Existenzkrise verschärfen, sobald
die Hemmungen des Krieges im besonderen den Bau
der Verkehrswege verzögerte, deren Vollendung die
Voraussetzung für den Beginn der Sperrenbetonierung
war. Wenn nun weiterhin die Förderung des Beton-

gutes für die Sperrenbauten die weitaus größte Transportaufgabe auf Baudauer bleiben mußte, und wir das geeignetste Betongut nicht in kostspieligen Steinbrüchen oder im Wasserfallboden, der zu frühem Einstau bestimmt war, sondern im Naturgut des Mooserbodens gegeben sahen, und zwar für alle drei Hauptsperren, so verkettete dieser Entschluß, die Aufbereitungsanlage von vornherein an den Rand des Mooserbodens zu stellen, alle Bauphasen des Gesamtwerkes zwangläufig miteinander und stellte die umfangreichen Förderanlagen der Tauernnordseite an die erste Stelle im Bauprogramm. In späteren Jahren ist die Abhängigkeit dieses Systems von den Naturgewalten der Höhenzone bemängelt worden, doch dieser Kritik fehlte der positive Gegenvorschlag. Uns schien die erwähnte Zwangläufigkeit bestens geeignet, eine befürchtete Überdehnung des Bauprogrammes oder gar eine vorübergehende Baueinstellung zu verhindern. Wenn die Fördereinrichtungen vorweg auch für die Oberstufe genügten, dann mochte der Anreiz zur Baufortsetzung nach Vollendung der Hauptstufe übermächtig wirken, und das hat er, auch in den Krisenzeiten nach dem Krieg, wirklich getan.

Ein einziger Verkehrsweg, der gleichermaßen für Massengut (Kies, Sand, Zement) und für schwere Einzelstücke (Baugroßgerät, Kraftmaschinen, Transformatoren usw.) förderfähig ist, hätte sich nur in Gestalt einer Straße und dies nur mit einem untragbaren Zeitaufwand verwirklichen lassen: die Kalamität des Anfangszustandes wäre gewissermaßen verewigt und das Bauprogramm ins Maßlose verlängert worden.

Der Karrenweg, den der Alpenverein in den Jugendtagen des Alpinismus vom Kesselfall-Alpenhaus bis auf den Mooserboden gebaut hatte, leistete zwar in der Anlaufzeit des Tauernbaues unschätzbare Dienste, und die Pferde, die durch nicht weniger als drei Bausommer den ganzen Bedarf der Höhenzone

Additional information of this book

(Das Großspeicherwerk Glockner-Kaprun; 978-3-7091-4008-6; 978-3-7091-4008-6_OSFO8) is provided:

http://Extras.Springer.com

förderten, verdienten wahrlich ein Denkmal; doch zur
Straße ließ sich jener Karrenweg in der Hauptgefälls-
strecke zwischen dem „Stegenfeld" und dem „Klebertörl" nicht umbauen. Der Entschluß vom Herbst
1938, diese Steilstrecke in einem Schrägaufzug von
etwa 400 m Förderhöhe zu überwinden, beschränkte
die Aufgabe von Aufzug und Anschlußstraßen auf die
Förderung von schweren Einzelstücken und einzelnen
Last- und Personenwagen. Dadurch bleibt das
Kaprunertal bis auf weiteres vom Kraftwagenmassen-
verkehr verschont, der mit dem Kraftwerksbau- und
-betrieb nichts zu tun hat. In absehbarer Zeit
wird dies einen besonderen Vorzug des Tales bedeuten.
Diesen „Lärchwandschrägaufzug" legten wir in eine
kaum lawinengefährdete Fallinie. Unter dem Zwang
der gelenkten und der Kriegswirtschaft, sich stets mit
dem jeweils knappest Möglichen zu begnügen, legten
wir ihn zunächst maschinell nur für 9 Tonnen aus,
stellten aber den Unterbau notgedrungen schon für
50 Tonnen fertig, die die Versorgung der Oberstufe
erforderte. Von unten her erreicht diesen 9-(50-)
Tonnenaufzug die „untere Bergstraße", die zum Teil
durch Verbesserungen aus der alten Alpenvereins-
straße Kaprun—Kesselfall hervorging; zum anderen
Teil mußte, um den Raum der Sigmund-Thun-Klamm
für die Eigenbedarfsanlage des Hauptkraftwerkes frei-
zubekommen, der Bürgkogel auf der Ostseite um-
gangen werden; ferner quert eine neue Rampe vom
Kesselfall-Alpenhaus bis zum Stegenfeld (einspurig
mit Ausweichen, 12% Steigung) nach einer ausge-
setzten Kehre schwierigstes Steinschlag- und Lawinen-
gelände. Die Bergstation des Lärchwandaufzuges
gabelt sich in zwei Horizonte: der obere Straßenzug
erschloß zunächst nur die Baueinrichtungen der linken
Flanke der Limbergsperre knapp ober Stauziel und
setzte sich später — spätestens notwendig zum Stau-
beginn Limberg — in Gestalt der „oberen Bergstraße" quer durch die Steilhänge der Kitzsteinhorn-

Ostflanke über die Ebmatten bis auf die linke Flanke der „Mooserbodensperre West" fort. Der untere Horizont an der Lärchwand vermittelte zunächst über das alte Klebertörl in die Sohle der Limbergsperre und auf den Wasserfallboden, und im Endzustand ist er Zufahrt zum Krafthausplanum der Oberstufe. Die untere Bergstraße ist unter ständigem Arbeiter- und Materialmangel im Spätherbst 1940, der Lärchwandaufzug im Spätherbst 1941 fertig geworden, während im letzten Berichtssommer 1944 die obere Bergstraße über einige Tunneldurchschläge und Anrisse nicht hinaus gediehen war und der Baustellenverkehr noch den alten Weg über die Almen des Wasserfallbodens und einen Seilaufzug zum Mooserboden benützen mußte.

Die geschilderten Straßenzüge überließen die Massenförderung und die Erschließung der Fenster des Hauptstollens zur Gänze Seilbahnen. Nur die drei zweispurigen Seilaufzüge zu den Fenstern Zeferet, Grubbach und Wasserschloß erfüllten ihre Aufgabe zeitgerecht, denn sie gingen am Ende des Baujahres 1939 in Betrieb (wobei der Stollenvortrieb diese Termine gar nicht abwartete). Die Hauptumlaufseilbahnen für Zement und Betongut hatten dagegen mit den Erschwernissen durch die Kriegswirtschaft und das Hochgebirgsgelände am meisten zu kämpfen. Die Trasse Schleppbahnhof Kaprun bis Betonfabrik Limberg ist nahezu gerade im Grundriß; die Unterteilung dieser Zementbahn durch eine Station am Fuße des Steilhanges unter dem Kesselfall hatte den baueinleitenden Zweck, wenigstens den steilen Karrenweg möglichst bald durch die Umlaufseilbahn zu ersetzen, was leider erst im Spätherbst 1940 geschah. Eben diese Strecke ist in allen Kriegswintern schwersten Lawinenstürzen ausgesetzt gewesen, ohne daß es möglich war, nennenswerte Mengen von Stahl für die Sicherung der Stützen zur Verfügung zu stellen. Die Seilbahntrasse Limberg—

Mooserboden hat einen Winkelpunkt am Steilhang des Kitzsteinhorns, quert dann das Haupttal und die Höhenburg und erreicht die Aufbereitungsanlage am Fuße der Klockerin. Für den Bau der Limbergsperre besorgt diese Umlaufseilbahn die Kiesförderung von oben nach unten, sie wurde daher „Kiesbahn“ genannt und als Doppelbahn ausgeführt. Für den Bau der Mooserbodensperren muß sie sich dann in die Fortsetzung der „Zementbahn“ verwandeln. Während die untere Zementbahn nach Winterstörungen immer wieder in Betrieb gesetzt werden konnte, verhinderten die ungeheuren Niederschläge der Jahreswende 1944/45 den damals letzten Versuch, die Kiesbahn zu vollenden. Zu den wesentlichen Transportwegen zählt ferner der sogenannte „Kabelstollen und -Schacht“, der lawinensichere Zugang unter Tag vom Tal bis zur Limbergsperre, der unter dem Eindruck des schweren Winters 1941/42 von drei Stellen aus begonnen wurde.

Weder der Bau der Barackenlager noch die Baustromleitungen (16 kV) durften auf die Fertigstellung der geschilderten Verkehrswege warten; im Gegenteil, der Wegebau setzt jene anderen Vorbereitungen voraus, die unter den allwinterlichen Lawinenstörungen zu vielfachen Wiederherstellungen und Änderungen (Kavernierung der Trafostationen usw.) gezwungen wurden, und der erwähnte Kabelstollen war vor allem als Sicherstellung der Baustromversorgung gedacht. Ganz schlimm stand es mit der Situierung der Lager. Denn nur das Hauptlager im Kapruner Winkel und die drei Lager an den Stollenfenstern lagen halbwegs sicher, während dem Bau der Limbergsperre ein hierfür geeignetes Gelände völlig fehlte. Dieser besondere Umstand unterscheidet den Fall Kaprun wesentlich von anderen Hochgebirgsbauten. Die Limbergalm diente als Behelfsplatz bis zum ersten Einstau, das Barackendorf nächst der Orglerhütte mußte dem Vollstau weichen, und selbst das Lager auf dem Mooserboden war ein Provisorium. Diese widrigen Umstände verhinderten die Entstehung eines leistungsfähigen Höhenlagers als Gegenstück zum gut eingerichteten Tallager im Kapruner Winkel.

F. Triebwasserleitung und Krafthaus der Hauptstufe; das Notprogramm.

Die Hemmungen des Sperrenbaues, seine verspätete Verkehrserschließung sowie seine schlechte oder zeitweise fehlende Dringlichkeitseinstufung ließen Mitte 1942 den schweren Entschluß reifen, die eigenen Zweifel an der zeitgerechten Erstellung des für die Betriebseröffnung nötigen Mindestsperrenkörpers durch die Improvisation einer Wasserfassung (Behelfsspeicher und Holzrohrleitung) einzugestehen. Bitter war dieser Vorgang vor allem deshalb, weil er die Fortsetzung des eigentlichen Sperrenbaues gefährdete, der nun neben dem Erfolgstermin des sogenannten Notprogramms noch weniger als vorher auf planwirtschaftliche Förderung hoffen durfte.

Im übrigen war die Konzentration der Kräfte vor allem auf den zeitraubenden Stollen selbstverständlich. Seine 7 km lange Trasse liegt im talinneren Teil in prächtigem Kalkglimmerschiefer, im taläußeren Teil folgen weichere, weniger standfeste Schiefer. Die zwei Querschläge vermitteln zugleich Bacheinleitungen und gerieten beträchtlich länger, als es das Gelände an sich erforderte, aber die Lawinenbahnen entlang der Bachrinnen drängten die Anschlagpunkte in sichere Abseitslagen. Bei einem lichten Durchmesser der Betonschale von 3·40 m und 11 atü stärkstem Innendruck ist der Kapruner Hauptstollen ein ansehnliches Bauwerk, bemerkenswert durch eine lagerfugenlose Betonschale im ersten Teil (Pumpbeton hinter fahrbarer Stahlschalung) und durch eine ebenso erstmalige vorgespannte Behälterschale (Ringe aus Betonfertigteilen mit vorgespannter Stahldrahtumwicklung) im äußeren Teil. Über die letztere Bauweise, nämlich die fabrikmäßige Herstellung der

Betonringstücke im Lager Maiskogel, die von der Bau-
unternehmung Wayß & Freytag gestaltete Wickel-
und Versetzmaschine und die Probeabpressung der
unteren Wasserschloßkammer als Versuchsstück ist
von zuständiger Stelle[2] bereits berichtet worden.

Die Gestalt des Wasserschlosses (zwei Kammern
mit verbindendem Schrägschacht, s. Abb. 7) erklärt
sich aus dem Bestreben, den Abzweigpunkt im Hauptstollen, in dessen Nähe der Fensterstollen mündet
(Abb. 7, W und K_5), möglichst weit talaus zu verlegen, damit der anschließende, gegen den Steilhang
vermittelnde Schrägstollen möglichst kurz werde.
Der Querschnitt dieses Übergangsstückes (Durchmesser 3·0 m) ist wie ein Druckschacht mit einer von
oben nach unten montierten Stahlpanzerung ausgestattet, wobei der schmächtigen und klüftigen Fels-
überdeckung keinerlei statische Funktion mehr zuzumuten war.

An der Austrittsstelle des Schrägstollens in den
Steilhang sitzt unmittelbar anschließend an die drei
Hosenrohre, die in zwei Schritten den Übergang von
der Einzahl zur Vierzahl durchführen, die Apparaten-
kammer in Bunkerbauart. Gleichwohl gewährleisten
Wände und Decken keine Bombensicherheit. Wir
durften uns daher mit der üblichen Ausstattung —
einem Kugelschieber als Reserveverschluß und einer
Drosselklappe mit Fallgewicht, die auf eine Durch-
flußdifferenz zwischen Beginn und Ende des Steil-
rohres anspricht — keineswegs begnügen, sondern
legten eine zweite derartige Automatik in die Kaverne
beim Stolleneinlauf nächst der Limbergsperre, die vor
jeder äußeren Gewalt sicher ist.

Die Vorzüge der Steilrohrbahn — gestreckte
Trasse, geschützte Lage, Felsgrund — rechtfertigen
die besonderen Aufwendungen für den Krafthausplatz.

---

[2] Vortrag Dr. Lauffer auf dem Wiener Betontag
1950.

Da wir den zugehörigen 18-Tonnen-Schrägaufzug
zwischen die beiden Rohrpaare des ersten und zweiten
Ausbaues legten und diese gerade auf ihre Kraftmaschinen zielen, muß der Schrägaufzug ober dem Krafthaus die Rohre 3 und 4 überqueren, um die Talstation
abseits des Krafthauses zu erreichen. Der unterste
Teil der Steilrohrbahn mußte auf jeden Fall die
mächtige Moräne, die den Hangfuß verkleidet, so
tief anschürfen, daß eine Rohrführung über Tag
nicht möglich war. Dort liegen die vier Rohre daher
unter Tag und erreichen den Stützmauerblock der
Krafthausrückwand in vier Stollen. Aber auch in der
übrigen Steilstrecke hielten wir — ungeachtet der
klassischen Rohrbauweise mit Festpunkten und Aus-
dehnungsstücken und entgegen der Meinung der
Lieferfirmen — das Überschütten der Rohre für
richtig. Der Erddruck ist belanglos neben dem pri-
mären Kräftespiel des Rohres, die Temperaturplage
des Rohres ist bei reichlicher Überdeckung wesentlich
gemindert und ebenso auch die Sabotage- und
Bombensplittergefahr, damals ein wichtiger Gesichts-
punkt. Schließlich ist auch baukünstlerisch gesehen
der unsichtbare Triebwasserweg im Hochgebirge der
beste.

Der bunkerartige Krafthausblock ist vielfach miß-
verstanden worden. Nicht militärische Gründe dik-
tierten diese Bauweise, sondern Erwägungen der
Wasserkraft- und Grundbautechnik:

Der Talweg des hochgespannten Triebwassers ist
nur wenige Meter lang, die Maschinenhalle in der
Stoßrichtung der Steilrohrbahn hielte im Fall eines
Rohrbruches spontaner Überströmung stand, und
ihre Rückwand, eine massiv konstruierte Pfeiler-
stützmauer, ruht auf derselben Felsrippe wie die
Rohrverankerungen, eignet sich also bestens als
Widerlager gegen den hydraulischen und Hinter-
füllungsschub. Der Baublock steht sohin mit der
Rückwand und auch mit der talinneren Stirnwand

Additional information of this book

(Das Großspeicherwerk Glockner-Kaprun; 978-3-7091-4008-6; 978-3-7091-4008-6_OSFO9) is provided:

http://Extras.Springer.com

ganz im Gelände, und da dieses als leichte Überschüttung samt Rasendecke bis an das Hauptgesimse
heranreicht, hätten Hallenfenster in der freien Längs-
front baukünstlerisch nicht überzeugt. Nun ist aber
diese freie Front ohnehin durch die Transformatoren
besetzt, die sich demselben Vollspurgleis zuwenden,
das die Halle entlang den Hauptmaschinen befährt,
und die Lücken in dieser Reihe füllen die Frischluft-
ansaugungen für die vier Maschinen. So ergab sich
ein monumental geschlossener Baukörper, dessen
Quaderwände die nahe Beziehung des Ganzen zum
Gelände bestätigen. Die hohen Kosten des derart
umbauten Raumes bedingten die sparsamste Anordnung und Beschränkung auf das Betriebswichtige,
als ob es sich um die innere Disposition in einem Panzer-
schiff handelte (s. Abb. 9).

Der Krafthausblock schmiegt sich eng an die
linke Talwand (s. Abb. 7); jenseits der Ache aber, die
der 100-kV-Kabelkanal unterfährt, entwickelt sich
in ungehemmter Weiträumigkeit die Höchstspannungs-
anlage und der Start der Freileitungen.

Die volle Betriebsfertigkeit der Maschinen 1 und 2
im Herbst 1944 hat es nicht verhindern können, daß
die improvisierte Wasserfassung des Notprogramms dessen Ausbaufließe auf 8 m³/sek begrenzte;
ein größerer Durchmesser als 1700 mm schien uns für
die etwa 1 km lange Holzrohrleitung zwischen dem
Behelfsspeicher und dem Stollenmund (s. Abb. 6)
wasserwirtschaftlich nicht berechtigt. Nur jeweils
eine der beiden Maschinen war somit einsatzfähig.
Ein kleiner Tagesspeicher milderte diese laufwerks-
mäßige Beschränkung insofern, als sein Inhalt von
90 000 m³ für die Kleinspeicherung im Winter genügte.
Indessen bedrohten Steinschlag und Schneedruck das
Holzrohr bald so sehr, daß wir es — im Widerspruch
zu seiner sonst bewährten Eigenart — mit Beton
ummanteln mußten. Der etwa 10 m hohe Staudamm
inmitten des Wasserfallbodens war ein recht inter-

essantes Bauwerk: Eine Holzpilotenwand am wasserseitigen Dammfluß durfte höchstens als Andeutung einer schwebenden Gründung gelten, und die wasserseitige Dichtungshaut in Gestalt einer Betonschale ruhte auf einer wahllos gekippten Sperrenaushubmasse; alles in allem das Modell einer Talsperre ohne Felsanschluß, das sich überraschend gut bewährte und sogar das säkulare Augusthochwasser 1945 trotz falscher Bedienung überstand.

G. Wandel des Sperrenbaues vor 1945.

Der Typ der Pfeilerkopfmauer ist nach dem Vorbild Dixence im Herbst 1938 zur Ausführung bestimmt und dem Bau der Betonförderanalge (drei Kabelkräne mit beidseitigen Bewegungsbahnen) zu Grunde gelegt worden. Neben dem negativen Grund einer Abneigung gegen den übergroßen und statisch unbefriedigenden Massenaufwand einer Gewichtsmauer sind die Vorzüge der Pfeilerreihe (bessere Ausnützung des Baustoffes, Zugänglichkeit des Mauerinnern, Entgiftung des Unterdruckproblems, größere Gleitsicherheit bei geneigter Wasserseite) und nicht zuletzt die Aufnahmefähigkeit der 10 m weiten Hohlräume für die Maschinengruppen der Oberstufe für jenen Entschluß bestimmend gewesen, den Prof. Stucky (Lausanne) bestätigte und zum Gegenstand eines bis in die letzten Einzelheiten ausgearbeiteten Entwurfes machte. Die Abb. 8 stellt in der oberen Figur jenes Projekt dar, das in Zusammenarbeit mit dem Baubüro Kaprun folgende Hauptzüge herausbrachte: schwache Krümmung der Krone ($R = 750$ m), 16 Einzelpfeiler, massive Flügel, Höhe und Pfeilerlänge 120 m, Pfeilerteilung 15 m, zwei Grundablässe in Verbindung mit den zwei Maschinengruppen, Umlaufstollen links. Die Vergebung des Sperrenbaues an eine Arbeitsgemeinschaft, in der die „Beton und Monier Bau A. G., Berlin“ führte, geschah noch knapp vor dem Kriegsausbruch, aber die Hemmungen des Krieges lasteten von Anfang an auf der Baustelle. Erst 1942 kam der Sperrenaushub richtig in Gang, und mit ihm stellten sich sehr früh Zweifel ein, wie der Felsaushub für die Pfeilerreihe in der steilen Ostwand zu gestalten sei. Der erfolgreiche englische Luftangriff auf die Möhnetalsperre in der Nacht vom 17. auf den 18. Mai 1943 brachte dann schrittweise Steigerungen der militärischen Ansprüche an die Bombensicherheit der Pfeilerkopfmauer, und sehr bald waren die Vorteile dieser sparsamen Sperrentype durch harte und schließlich statisch überhaupt nicht mehr erfüllbare Vorschreibungen aufgezehrt. Ein ähnlicher Vorgang hat sich später im Schweizer Talsperrenbau abgespielt. Unsere Entwurfskrise fiel zeitlich mit den Schwierigkeiten zusammen, die sich der Gewinnung sicherer Pfeilerstandplätze im Osthang nun ernstlich entgegenstellten. Aus diesem Titel eine radikale Entwurfsänderung durchzuführen, wäre mir schwergefallen, weil jede solche Änderung der kriegswirtschaftlichen Opposition gegen den Sperrenbau neue Nahrung gegeben hätte. Nun aber, da ein militärisches Veto vorlag, war mir dieses ein erwünschter Anlaß, der lange vorher gehegten Vorliebe für das Gewölbe zu folgen und ungeachtet der Krise des Tauernbaues eine so große Änderung zu wagen. Vom Winter 1943/44 angefangen, studierte das Baubüro Kaprun elf Gestalten, und Gestalt 10 (s. Abb. 8, untere Figur) wurde im Juni 1944 unter Billigung unserer Berater zur Ausführung bestimmt. Da die Massenverteilung des Talsperrengewölbes innerhalb gewisser Grenzen der Gestaltung freisteht, haben wir gegen den Angriff aus der Luft, der damals die Gesamtlage beherrschte, die ungewöhnliche Kronenstärke von 10 m angenommen und dadurch eine verhältnismäßig schmale Basis (etwa 40 m) erzielt. Der Gewölbeentwurf vom Juni 1944 zeigt noch das Bestreben, die Symmetrie mit Hilfe eines mächtigen linken Wider-

lagers zu wahren, das zugleich die schwache Stelle im
flacheren linken Talhang decken sollte. Auf diese
Weise konnte der Kronenhalbmesser sehr klein ge-
halten werden. Meine spätere Meinung negiert diese
Widerlageridee, weil das Kräftespiel der Mauer trotzdem unsymmetrisch bleibt. Und die Überzeugung,
daß in ein unsymmetrisches Talprofil nur ein unsymmetrisches Gewölbe einzufügen sei, hat im Studien-
entwurf 1940[3] und in der Hierzmannsperre[4] seinen
Ausdruck gefunden.

Die Ausführung des Bauentwurfes vom Juli 1944
erforderte unbequeme Verlängerungen der Kabel-
kranbahnen, und die gegen das Becken weitausholende
Mauerkrümmung geriet in große Nähe des längst be-
stehenden Umlaufstolleneinlaufes. Dieses becken-
seitige Vorgreifen der Wölbung in tiefere Teile der
diluvialen Erosionsform verlieh dem Mauerfuß aller-
dings auch eine prächtige Gleitsicherheit. Die Aus-
hübe der Bausaison 1944 sind bereits ganz der Ab-
deckung der Gewölbeaufstandsfläche und den nötigsten
Korrekturen des vorangegangenen Felsaushubes ge-
widmet gewesen.

H. Baugeschichte der Jahre 1938 bis 1945.

Es steht nicht dafür, die zahlreichen Bauprogramm-
änderungen, die sich unter dem Druck des Krieges
ergaben, auch nur zu erwähnen. Allein der wirkliche
Ablauf sei durch den folgenden kurzen Bericht des
Vergessenheit entrissen. Die Abb. 10 hält alle wesentlichen Ereignisse sowie die Bedingungen des Baues
(Arbeiteranzahl, Baustoffzuteilungen usw.) fest. Die
paar Zahlen über den Treibstoffverbrauch sollen weder
anklagen noch entschuldigen, sondern nur erklären.
Auch der Arbeitermangel war in den besten Jahren
würgend. Im einzelnen erinnert das Jahr 1938 an

---

[3] S. Fußnote 1, S. 13.
[4] Österr. Bauzeitschrift, Jg. 1951, H. 11/12.

Additional information of this book

(Das Großspeicherwerk Glockner-Kaprun; 978-3-7091-4008-6;

978-3-7091-4008-6_OSFO10) is provided:

http://Extras.Springer.com

einen auf den Kopf gestellten spontanen Beginn. Im
Jahre 1939 ist dann die richtige zeitliche Folge von
Entwurf und Ausführung allmählich erreicht und alles
Wesentliche festgelegt und bestellt worden; das Ge-
samtprogramm bekam einen einwandfreien wasser-
rechtlichen Unterbau; doch neben dem Zwang der
Wegebauten gedieh nur der äußere Teil des Stollen-
vortriebes. Auf der Sperrenbaustelle floß die Ache zum
Jahresende durch den Umlaufstollen. 1940 ist das
Stollenvortriebsjahr mit dem ersten Durchschlag am
7. September. Nach einem schweren Spätwinter
konnte sogar mit dem Bau der Sperreninstallation
begonnen werden. Das Krisen- und Unglücksjahr 1941
beendete den Stollenvortrieb und kam mit dem Voll-
ausbruch im Stollen gut voran, alles übrige war
schwer gehemmt. Der folgende Winter ist der schwer-
ste der Berichtszeit und schädigte vor allem die
Zementbahn und den Betonfabrikbau auf Limberg.
Erst im Frühjahr 1942 geht die Schleppbahn Bruck—
Kaprun gerade noch rechtzeitig in Betrieb, um einen
Zusammenbruch des Transportwesens zu verhüten.
Der Stollenausbruch wird beendet; der Sperrenaushub und die Baustellen Steilrohrbahn und Krafthaus kommen rascher in Gang. Nach dem schönen
Bauwinter 1942/43 belebt die erste halbwegs zu-
reichende Zuweisung von Arbeitskräften den ge-
samten Baubetrieb; der Sperrenaushub erreicht
200000 m³; das Notprogramm wird vorangetrieben,
der größte Teil des Stollens betoniert, nach schweren
Unfällen auf der Steilrohrbahn mit längeren Stö-
rungen kommt im Herbst die Rohrmontage wieder
in Gang; im Krafthaus beginnt die Aufstellung der
Maschinen. Auch der Winter 1943/44 erzwingt die
vollständige Räumung der Höhenzone. Im Jahre
1944 macht sich vielseitiger Mangel an Bau- und
Betriebsstoffen und dauernder Abzug von Arbeitskräften viel stärker als bisher bemerkbar, so daß die
Baueinrichtungen auf dem Mooserboden (Kiesbahn-

kopfstation, Aufbereitung, Kabelkrane) und auf Limberg (Kabelkrane, Betonfabrik) nicht mehr vollendet werden können. Immerhin gelingt im November die Vollendung des Notprogramms mit der Inbetriebsetzung der Maschinen 1 und 2.

J. Baukosten.

Das Baukonto wies am 31. Dezember 1944 rund 101 Mio RM auf; hiervon zählen 76 Mio RM auf das Notprogramm, und vom nächsten Ausbau (Sperre Limberg, Maschine 3 und 4, 200-kV-Anlage) waren 24 Mio RM geleistet; die restliche Million ist für die Möllüberleitung aufgewendet worden. Die Zergliederung der Bausumme für das Notprogramm bringt einige beachtenswerte Zahlen in Millionen RM 1944: Vorarbeiten 0·7; Grundentschädigung 0·8; Entwurf, örtliche Bauleitung, Werkstätten und Hilfsbetriebe 4·0; Aufwendungen für die Bauarbeiter 6·6; Verkehrswege 8·0; Baustrom, Bautelephon 0·9; Hauptverwaltung Wien 1·5; Bauzinsen 4·0; dauernde Bauwerke 49·5 (wovon 0·7 verlorener Aufwand für Behelfsdamm und Holzrohrleitung); insgesamt 76 Mio RM. Auf der hiermit gegebenen Kostenbasis ist die Bausumme der Gesamtanlage für das Mooserbodenstauziel 2025 m und einschließlich der 200-kV-Anlage sowie einschließlich 25 Mio RM Bauzinsen zu 300 Mio RM errechnet worden, welchem Betrag 300 MW und 364 Mio kWh im Winter gegenüberstehen.

K. Schlußbemerkung.

Nach den Zerstörungen des Spätwinters 1945 und den Wirrnissen des Zusammenbruches bot das unvollendete Werk und die auf kaum überblickbaren Bahnen steckengebliebenen Baustellen keinen günstigen Anblick. Aber der in ihnen steckende Wert konnte kaum überschätzt werden. Das Ganze war so weit gediehen, daß die Gefahr nachträglicher Pro-

grammänderungen für immer gebannt blieb. Und
der Anreiz zur Vollendung war so groß, daß in Österreich mit dieser Erfolgsaussicht bis zum heutigen Tag
nichts anderes ernsthaft hätte in Wettbewerb treten
können. Da die Werksgruppe Glockner-Kaprun von
vornherein für das Gebiet von Österreich entworfen
worden war, sind nennenswerte Änderungen ungeachtet der lebhaften Entwicklung des Wasserkraft-
baues nicht nötig gewesen.

Manzsche Buchdruckerei, Wien IX.